JN083423

世界のねこことわざ

こ

著 noritamami

ハーパーコリンズ・ジャパン

はじめに

　突然ですが、猫は好きですか？

　この本を手にしてくださっているということは、きっと「もちろん大好き！」という方がほとんどではないでしょうか。

　猫は、人類の歴史とともに、あらゆる時代・地域で人と一緒に生きてきました。もともと中東の砂漠地帯に生きていたリビアヤマネコが、人と生活をともにするようになって「イエネコ」になったと言われています。そうして猫の、愛らしさ、有能さ、奥深い魅力が、世界中に広まっていったのです。
　まさに「古今東西、人とともに〝猫〟あり」です。

　たとえばエジプトのピラミッドの時代には、もう猫は人間に飼われていたようです。そして今では世界中のあらゆる地域で、猫と人が生活をともにしているのはご存じのとおり。

日本に話を移しましょう。
「世界最古の長編小説」とも言われている『源氏物語』の女
三宮のペットは「猫」でした。
　また、南極物語では「タロ・ジロ」が有名ですが、実はタ
ロ・ジロと一緒に「南極猫たけし（雄の三毛猫）」が東京から
南極に渡り、そして日本に帰ってきています。隊員たちのアイ
ドルだったといいます。

　こんなふうに、世界中ありとあらゆる場所と時代に「猫」
は登場します。
　そして、人々に愛され、その中でたくさんの、猫にまつわ
ることわざや慣用句、言い回しが誕生しました。

　本書はそんな、世界各地から集めた「ねこことわざ」を紹
介したものです。
「ねこことわざ」の世界へようこそ！

contents

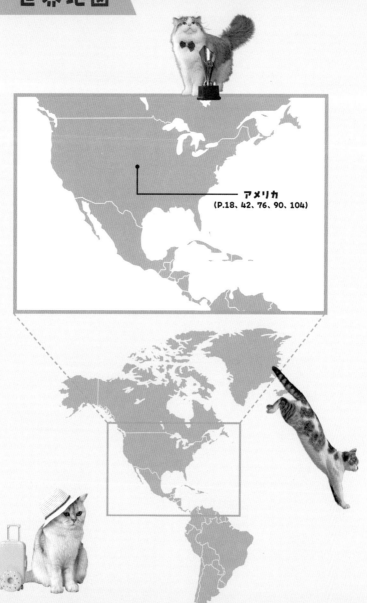

アメリカ
(P.18、42、76、90、104)

＊ことわざによっては該当国だけでなく他の国でも広く使われているものもあります

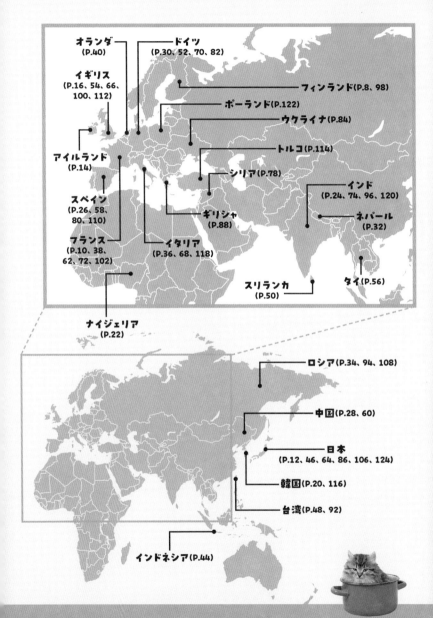

猫のように
熱いおかゆのまわりを歩く

Kiertää kuin kissa kuumaa puuroa

意味

本当はやりたいことがあるのに、いつまでもやらない人のこと

解説

熱いおかゆが入ったお皿のまわりを猫が「早く冷めないかな〜」「そうしたら食べられるのにな〜」と、ずっとウロウロしています。この様子から転じて生まれたことわざ。フィンランドのほか、ドイツにも同じことわざがあります。

豆知識

フィンランド語で猫は「キッサ（Kissa）」

猫のように
熱いおかゆの
まわりを歩く

猫を猫と呼ぶ

Appeler un chat un chat

意味

率直に物を言う。ありのままを言う

解説

　話を盛ったり、あいまいな言い方をしたりせず、猫は猫だと見たままを言うこと。英語では猫ではなく「スペードをスペードと呼ぶ（call a spade a spade）」という言い方をします。このスペードはトランプのスペードではなく、農具の「鋤（すき）」のこと。

フランス語で猫は「シャ(Chat)」

猫を猫と呼ぶ

猫の手も借りたい

Neko no te mo karitai

意 味

非常に忙しく、どんな手助けでも欲しい

解 説

　ネズミを捕る以外にはたいして役に立たない、そんな猫にさえ手伝ってほしいほど忙しいことを指します。江戸時代の浄瑠璃に出てきた表現から生まれたと言われています。

豆知識

猫の手（前足）は 5 本指、後ろ足は 4 本指と、実は指の数が違う

猫の手も借りたい

猫を嫌う人には
気をつけろ

Beware of people who dislike cats

意 味

相手を支配したがる人には注意

解 説

猫は自分で好きなところに行き、自分のペースで寝て、自由に過ごすのが大好きな生き物。「そんな猫を嫌う人＝状況や相手を支配したがる人」だから気をつけましょう、ということわざ。決してこちらの思い通りには動いてくれない、マイペースなところこそ猫の魅力です。

豆知識

アイルランドのクイーンズ大学の研究チームは2018年、「猫のメスは右利き、オスは左利きが多い傾向」であると論文を発表

猫を嫌う人には
気をつけろ

猫の足の下で暮らす

Live under the cat's foot

意 味

誰かの言いなりになること

解 説

　とりわけ「奥さんに主導権を握られている夫」を意味します。日本だと「妻の尻にしかれる」、ドイツでは家でスリッパを履いて家事をする奥さんのイメージから「スリッパの下にいる（unter dem Pantoffel stehen）」と言います。スリッパで踏まれるのはイヤですが、猫の肉球なら……？

猫の足の下で暮らす

猫を振り回す
スペースもない

Not enough room to swing a cat

意味

身動きが取れないほど狭い

解説

　日本では同じような意味で「猫の額」があり、「うちの家は猫の額ほどだ（すごく狭い家だ）」といった使い方をします。漢字3文字で「猫額大」とも。また「猫を振り回すなんて！」とぎょっとした人もいると思いますが、ここで言う「猫」はもともと「九尾の猫鞭（ねこむち）」という、お仕置きなどに使われた鞭のことだと言われています。

猫を振り回すスペースもない

甘酒飲んだ猫の顔

식혜 먹은 고양이 속

意 味

盗み食いをした人。また、悪さがバレてしまわないかビクビクする様子

解 説

ことわざに出てくる「甘酒（シッケ・식혜）」とは、もち米やうるち米に麦芽を入れて発酵させて甘みを加えた、韓国では伝統的な飲み物のこと。日本の甘酒に似ています。

豆 知 識

韓国語で猫は「コヤンイ（고양이）」

甘酒飲んだ猫の顔

ネズミが猫を笑うときは
近くに穴がある

**When the mouse laughs at the cat,
there's a hole nearby**

意味

立場の弱い者が強い者と戦うときは「保険」が必要

解説

　ガンビアやセネガルなど、西アフリカで広く使われることわざ。普通なら、猫と出くわしたネズミに笑う余裕などないですが、隠れる穴があれば話は別。いざというときの逃げ場所は、用意しておきたいものです。ピンチのとき、ネズミは穴へ。小鳥は空へ。亀は甲羅のなかへ。さて人間は？

ネズミが
猫を笑うときは
近くに穴がある

虎がいない町では
猫が王様

जिस शहर में बाघ नहीं, यह बिल्लियां राजा हैं।

意 味

　真にすぐれた者、強い者がいないところでは、たいしたことのない者がのさばる

解 説

　日本で言う「鳥なき里のこうもり」。自分より力の強い虎がいては、猫も大きな顔はできません。古代インドの法典では、猫は悪者として描かれることも多かったよう。そのためことわざでも、少しマイナスイメージのものがあるのかもしれません。

豆知識

　　ヒンディー語で猫は「ビッリー（बिल्ली）」

虎がいない町では
猫が王様

猫を水辺につれていく

Se llevó el gato al agua

意 味

あることを成し遂げる、成功する

解 説

　猫と暮らしている人はご存じでしょうが、猫の多くは水が苦手。そんな猫を水辺につれていくとなれば一苦労ですが、そのような難行に成功したときに使います。猫の水嫌いは猫のルーツが乾燥した砂漠地帯で、水に慣れていなかったからだとも言われています。

スペイン語で猫は「ガト（Gato）」

猫を
水辺に
つれていく

黒い猫でも白い猫でも ネズミを捕るのが良い猫だ

不管黑猫白猫，能捉到老鼠就是好猫

意味

手段は関係なく、結果を出すことが大事

解説

かつて中国の政治家・鄧小平（とうしょうへい）が 1962 年に引用して使ったことで一躍有名に。もともとは「白い猫」ではなく「黄色い猫」でした。

中国語で猫は「マオ（猫）」

黒い猫でも白い猫でも
ネズミを捕るのが良い猫だ

袋に入った猫を買う

Die Katze im Sack kaufen

意味

よく確かめないで買う（だまされる）

解説

　ドイツ以外の、ロシアやフランスなどでも使われることわざ。昔、市場で高価なうさぎや子豚の代わりに猫を入れて売る商人がいたことから。スペインやメキシコには「うさぎと言って猫の肉を渡す（見かけだけ立派で、中身がともなわない）」ということわざもあります。

ドイツ語で猫は「カッツェ（Katze）」

袋に入った猫を買う

犬と猫のよう

कुकुर र बिरालो जस्तै

意 味

仲が悪いこと

解 説

日本では「犬猿の仲」と言いますが、各国は「犬と猫」で不仲をあらわすことが多いよう。「犬と猫のように暮らす（ポルトガル）」「犬と猫のように付き合う（ルーマニア）」のほか、ドイツ、イタリア、オランダ、フランス、ジョージアなどでも使われます。

ネパール語で猫は「ビラロ（बिरालो）」

犬と猫のよう

ライオンの尾より
猫の頭になるほうがいい

Лучше быть головой кошки,
чем хвостом льва

意味

大きな集団の末端になるより、小さな集団のトップに
なるほうがいい

解説

「鶏口 牛 後」という四字熟語もありますが、韓国や中
国などアジアでは「鶏の頭、牛の尾」であらわされるこ
とが多いことわざ。モンゴルでは「虎の尻尾よりも蚊の
頭になれ」。

豆知識

ロシア語で猫は「コーシュカ（кошка）」

ライオンの
尾より
猫の頭になる
ほうがいい

猫が4匹いる

Essere quattro gatti

- -

あまり人がいない

- -

　4匹も猫が集まっていたら「たくさんいるな〜」と思いそうなところですが、イタリアでは「人が少ない」の意味に。イタリアのほか、スペインにも同じことわざがあります。日本でも「猫の子一匹いない」というように、人の少なさを「猫」であらわすのは共通のようです。

イタリア語で猫は「ガット（Gatto）」

猫が4匹いる

寝ている猫は起こすな

Il ne faut pas réveiller le chat qui dort

意 味

わざわざ余計なことをして、問題を起こすことはない

解 説

　日本で言うところの「触らぬ神に祟りなし」。フランスでは「寝ている猫」ですが、スペインやメキシコでは「寝ているライオン」、イタリアでは「寝ている犬」など、国によって使われる動物はさまざまです。

豆知識

EU諸国では猫もペットパスポートの発行が可能

寝ている猫は起こすな

■ オランダ

猫にベーコン

De kat op het spek binden

意 味

　どんなに貴重なものでも、その価値がわからない人に
あげては意味がない

解 説

　日本で言うところの「猫に小判」「猫に念仏、馬に銭」。
多くの国にも似たような意味のことわざがありますが、
インドでは「サルにショウガ」、ルーマニアでは「ガチョ
ウに大麦」、フランスでは「ブタにジャム」など、お国
柄で表現が違ってユニークです。(ことわざの意味とし
てほかに「相手があらがえないほど強く誘惑すること」
という説も)

豆知識

　　オランダ語で猫は「カット（Kat）」

猫にベーコン

ハトのあいだに
猫を放りこむ

Put the cat among the pigeons

意味

わざわざトラブルを起こすこと

解説

公園にいるハトの群れに猫が飛び込んだら、どうなるでしょう？　何十羽ものハトがいっせいに飛び立って、大変な騒ぎになること間違いなし。その様子から「秘密にしておくべきことをバラしたり、わざと波紋を呼ぶような発言をしたりすること」を指します。

ホワイトハウスに住む米大統領の猫は「ファーストキャット」と呼ばれる

ハトのあいだに猫を放りこむ

角の生えた猫を待つ

Menantikan kucing bertanduk

不可能に思えることを期待する

　ご存じのとおり、猫にはかわいらしい耳はあれど、角はありません。普通なら起きるはずがない、ありえないことも、待っていれば現実に起きるかもしれない……そんなことわざです。

インドネシア語で猫は「クチン（Kucing）」

角の生えた猫を待つ

猫は三月を一年とす

Neko ha mitsuki wo hitotose to su

意 味

日々を無駄にせず、大切に生きようという戒め

解 説

　人間にとっての3カ月は、猫にとっては1年にあたります。成長するのもあっという間。その様子から転じて、毎日を大切に充実させて生きるための戒めとして使われます。一方「犬の1年は、人間の7年」とも言われており、猫のほうがおおむね長生きとされています。

猫は三月を
一年とす

台湾

猫が木に登れても
猿にはなれない

貓爬樹 毋成猴

同じようなことができても、本物にはなれない

　猫は木に登れはしますが、それでも猿にはなれません。また、猫はツメを使って木に登るのが好きですが、おりられなくなって困ってしまうことも……。「猫あるある」のひとつです。

台湾で猫は「ニャウアァ（貓仔）」

猫が木に登れても
猿にはなれない

玄関の猫

A cat on the doorstep

意 味

優柔不断な人のこと

解 説

外に出たいのか、なかに入りたいのか、それともたまたま玄関にいるだけなのかわからない――そんな様子から「優柔不断な人」や「なかなか態度を決めない人」を指します。ちなみにスリランカでは、公用語のシンハラ語とタミル語、連結語の英語、この3種類が看板やニュースでも並列して使われます。

豆知識

シンハラ語で猫は「バララ (බළල)」、タミル語で猫は「プーアイ (பூனை)」

玄関の猫

猫がフランスへ旅しても
猫のまま

Reist eine Katze nach Frankreich,
so kommt ein Mäusefänger wieder heim

意 味

何をしても、物事の本質は変わらない

解 説

　直訳すると、「猫がフランスへ旅に出たとしても、帰ってくるときはネズミ捕りのまま」。人の性格や本質は、場所が変わっただけではたいして変わりません。

豆知識

ドイツ語で猫の鳴き声は「ミャウ（Miau）」

猫が
フランスへ
旅しても
猫のまま

暗闇ではすべての猫は灰色

All cats are grey in the dark

意味

物事において外見はさほど重要ではない

解説

　夜は光の加減で、茶トラでも白猫でも、どんな猫も灰色に見えることが多いものです。また「物事を判断するときはきちんと確認できる状態になってからにしよう（間違いやすい状態では人はミスするものだからしょうがない）」という意味も。女性の見た目に関して言う場合にも使います。

暗闇では
すべての猫は
灰色

猫にあてつけて魚を焼く

ปิ้งปลาประชดแมว

意味

相手に意地悪な態度をとったつもりが、かえって自分が損をすること

解説

猫に皮肉で魚を何枚焼いても、魚が大好きな猫は飽きることなく食べ続けるばかり。結果、意地悪をしようとした当人のほうが、お金がかかって損をしてしまうことから。面と向かっては直接文句を言えないので、態度で嫌がらせをする……という意味もあります。

豆知識

タイ語で猫は「メーオ（แมว）」。猫好きは「タートメーオ（ทาสแมว）」と言い、直訳すると「猫の奴隷」

猫にあてつけて
魚を焼く

手袋をした猫は
ネズミを捕れない

Gato con guantes no caza ratones

意 味

上品ぶっていては何もできない

解 説

猫の最大の武器となるのは「前足」。お上品に手袋をつけてしまってはうまく動かすことはできません。そこから転じて、体裁を気にしていては本来できることもできないという意味。スペイン以外でも、西洋の多くの国で広く使われています。

手袋をした猫は
ネズミを捕れない

猫とネズミが一緒に眠る

猫鼠同眠

意味

悪人と、それを取り締まる側の人が示しあわせること

解説

　本来、猫はネズミを捕まえる側。でも一緒に眠るほど仲がよくなってしまえば、ネズミは悪事を働き放題に。また韓国にも同じ意味の「猫鼠同処」という言葉がありますが、こちらは2021年の「今年の四字熟語」に選ばれました。色々と政治への不満が噴出した年でした。

豆知識

中国で猫を数えるときは「ヂー（只）」。5匹の猫なら「ウーヂーマオ（五只猫）」

猫とネズミが
一緒に眠る

猫に舌をあげる

Donner sa langue au chat

意 味

あきらめる。降参する

解 説

　クイズや謎ときで答えがわからないときに「(猫に舌をあげたから) 答えられない=あきらめる」という意味で使われます。英語圏やスペイン語圏には「猫に舌を取られる」という言い方があり、「無口なこと」を指します。

豆知識

　フランスの焼菓子「ラングドシャ (猫の舌)」は、もともと猫の舌のように細長い形だったことが名前の由来

猫に舌をあげる

猫の魚辞退

Neko no uo jitai

意味

本当は欲しいのに、うわべだけで断ること。また、長続きしないことのたとえ

解説

せっかく出された魚を「いりません」と辞退する猫。内心は欲しくて欲しくてたまらないはずなのに……。本心とは裏腹に口先だけで断ること、また、そんなやせ我慢は長くは続かないよという意味でも使われます。

日本で記録に残っている最古の猫の名前は「命婦の御許」（一条天皇の飼い猫）

猫の魚辞退

猫でさえ王様を見つめられる

Even a cat may look at a king

意味

誰にでも権利はある

解説

　かつて王様や、日本だったら大名などを勝手に見るのは失礼だとされていたことが背景にあります。このことわざの起源のひとつが、神聖ローマ帝国皇帝マクシミリアン一世にまつわるもの。皇帝がある家を訪れた際、猫が台の上から見つめていたことから。イギリスだけでなくドイツ、オランダ、イタリアなどで広く使われます。

イギリスで猫の鳴き声は「ミャウ（Meow）」。
ゴロゴロ音は「パー（Purr）」

猫でさえ
王様を
見つめられる

魚を焼くと
猫がやってくる

Friggi il pesce ma occhio alla gatta

意 味 ------------------------------

利益があるところに人が寄ってくること

解 説 ------------------------------

南イタリアに古くから伝わることわざ。魚のおいしそうな匂いをかぎつけて、どこからともなくやってきた猫。その様子から、おいしい話にすぐ便乗しようとする人のことを言います。また、そういう人には気をつけろという意味も。猫の嗅覚は、私たち人間の数万～数十万倍と言われています。

イタリアでは「猫のくしゃみ」が聞けると縁起がよい

魚を焼くと
猫がやってくる

オス猫を飼っている

Ich habe einen Kater

意味

二日酔いだ

解説

ドイツ語で「オス猫（カター／ Kater）」と、頭痛や吐き気をともなう二日酔いに似た風邪の症状「カタル（Katarrh）」の発音が近いことから、ドイツで「オス猫を飼っている」は「飲み過ぎて二日酔いだ」という意味に。

豆知識

「猫の帝王」と呼ばれたドイツの動物学者パウル・ライハウゼン氏は1973年、公園などで見かける「猫の集会」について論文を発表

オス猫を
飼っている

すぐれた猫には すぐれたネズミ

À bon chat, bon rat

意 味

好敵手

解 説

　逃げるのが上手なネズミは、なかなか猫に捕まりません。猫は猫で、「次こそはあいつを捕まえてやろう！」と策を練り、精進していきます。そんなふうに、同じレベルの者同士が切磋琢磨しあう様子。ライバルがいるからこそ成長があります。

すぐれた猫には
すぐれたネズミ

猫でさえ喧嘩のときは
前足で顔を守る

यहाँ तक कि बिल्लियाँ भी लड़ते समय अपने चेहरे को अपने पंजों से बचाती हैं।

意味

身を守るために最低限の対策をおこなうこと

解説

　猫の喧嘩には一定のパターンがあります。そもそも猫も、怪我はしたくないので喧嘩は極力避けようと、なるべくにらみ合いや威嚇、小競り合い程度で勝負をつけようとします。それでもダメなときは「猫パンチ」「猫キック」で本格的な戦いに。子猫同士では「喧嘩ごっこ」をするときもありますが、あれは「将来の狩りの練習」などを兼ねています。

猫でさえ
喧嘩のときは
前足で顔を守る

猫が跳ぶ方向を見る

See which way the cat jumps

なりゆきを見守る。日和見をする

　まずは猫がどちらに跳ぶかを見て、それから自分がど
うするかを決めよう、という意味合いで使われます。ジャ
ンプする前は、お尻をフリフリしたり、「んにゃ！」と
声をあげたり、猫によって個性があります。

 豆知識

米フロリダ州のヘミングウェイ博物館には６
本指の猫が代々暮らしている

猫が跳ぶ
方向を見る

猫とネズミが仲良くなれば 家が壊れる

اتفق القط والفأر على خراب الدار ،

意味

敵同士が結託すると、とんでもない被害をこうむる

解説

　ネズミ（ファール）と屋敷（ダール）で韻を踏んだ言い回し。ほかにも猫とネズミが和解すると「店の商品はメチャクチャ」「八百屋がつぶれる」といったさまざまな表現がアラビア語圏で見られます。

豆知識

アラビア語で猫は「キッタ（قطة）」
※地域で発音の違いあり

猫とネズミが
仲良くなれば
家が壊れる

猫のように足から落ちる

Caer de pie como los gatos

意味

窮地をうまく乗りきる

解説

　猫は高いところから落ちても上手に着地します。なぜあんなふうに着地できるのかというと、平衡感覚が非常に発達していて、かつ、しなやかな筋肉と柔らかな肉球のおかげです。

豆知識

マドリードっ子のことを「ガト（＝猫）」と呼ぶ

猫のように足から落ちる

猫のテーブルにつく

Am Katzentisch sitzen

意味

ないがしろにされる。蚊帳の外におかれる

解説

　人間がテーブルについて食事をするかたわら、猫は少し離れたところでごはんを……そんな様子が転じたことわざ。単に子供用の小さなテーブルを指すときも、「猫のテーブル（Katzentisch）」を使います。

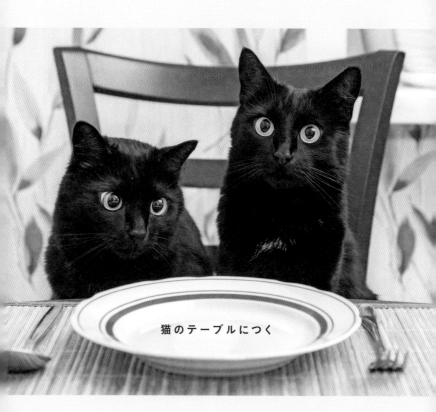

猫のテーブルにつく

猫は魚を食べるが、水に入ろうとしない

Їв би кіт рибку, а в воду не хоче

意味

利益を得るための努力をしないこと

解説

　魚は好きだけれど、水は大の苦手。そんな猫の特性からきていることわざです。「猫は魚を食べたいが、足は濡(ぬ)らしたがらない」など英語圏でも使われます。また世間のイメージとして「猫の好物＝魚」が日本では定説ですが、イタリアでは「パスタ」、スイスでは「チーズ」と、その国の食生活にかかわりがあるようです。

豆知識

ウクライナ語で猫は「キーシュカ (кішка)」(オス猫は「キート (кіт)」)

猫は
魚を食べるが、
水に入ろうと
しない

皿なめた猫が科を負う

Sara nameta neko ga toga wo ou

意味

本当に悪い人は捕まらず、後から関係した者だけが罰せられること

解説

お皿の魚はすでにほかの猫がくわえていってしまったのに、残った皿をなめていた猫が「つまみ食い」の犯人にされてしまった……とばっちりを受けた猫にしてみれば「そんにゃ！」と言いたくなることわざです。

豆知識

日本では平安時代にすでに猫ブームが。『枕草子』や『源氏物語』にも登場

皿なめた
猫が
科を負う

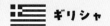
猫がいないとネズミが踊る

Όταν λείπει ο γάτος,
χορεύουν τα ποντίκια

意味

怖い人がいないあいだに自由を楽しむ

解説

　日本で言うところの「鬼のいぬ間に洗濯」。「踊る」という表現がいかにも楽しそうです。ギリシャ以外にもフランスやイタリア、スペイン、ドイツ、ブルガリア、セルビアなど多くの国で同じ表現が使われ、台湾では「ネズミが足を組む」、アラビア語では「ネズミよ、さあ遊べ！」など、少し形を変えた言い回しに。

豆知識

　ギリシャ語で猫は「ガータ（γάτα）」

猫がいないと
ネズミが踊る

袋から猫を出す

Let the cat out of the bag

意 味

うっかり秘密をもらす

解 説

　P.30 の「袋に入った猫を買う」で紹介したように、かつては市場で、高価な生き物が入っているとだまして猫を売りつける商人がいたそう。そこから転じて生まれたことわざです。秘密にしてほしいときは「袋から猫を出さないで」と言います。

 豆知識

アメリカでは38歳まで生きた長寿猫が2010年ギネス記録に

袋から
猫を出す

猫ちゃんも犬ちゃんも

阿貓阿狗

意味

どいつもこいつも。誰も彼も

解説

　「猫ちゃん（阿貓）」「犬ちゃん（阿狗）」は、猫と犬を
かわいらしく呼ぶときの言い方。そのためこの言い回し
には少し小馬鹿にしたようなニュアンスも含まれます。
「誰も彼も」という意味ではアメリカの、よくある名前
を並べた「トムもディックもハリーも」も面白い言い回
しです。この表現の仕方は他の国でもあり、使われる名
前は国によって違います。

猫ちゃんも
犬ちゃんも

猫より強い獣はいない

сильнее кошки зверя нет

意味

世間知らず。井のなかの蛙

解説

クルイロフの寓話（ぐうわ）が由来と言われます。「猫がライオンの爪に引っかかったよ。僕たちもしばらく休めるね」というネズミに対し、「猫にかかれば、ライオンなんてあっという間にやられてしまうから休めないさ」といさめるネズミ。ネズミの知っている小さな世界では、猫よりも強い獣は存在しないのです。

猫が喉を鳴らす「ゴロゴロ」はロシア語では「ムールムール（Myp-Myp）」

猫より
強い獣は
いない

塀の上に立つ猫

बिल्ली बाड़ पर खड़ी है

意 味

物事がどちらに転ぶかわからない

解 説

平衡感覚にすぐれていて、かつ高いところが好きな猫にとって、塀はお気に入りの場所のひとつ。さて、あそこの塀にいる猫は、どっちの側におりるのでしょう？

豆知識

ヒンディー語で猫の鳴き声は「メヤウン（मियांउ）」

塀の上に立つ猫

フィンランド

おばあちゃんは猫で テーブルを拭きながら 「やり方はいくらでもある」と言った

Konstit on monet, sanoi mummo kun kissalla pöytää pyyhki

意味

問題を解決する方法はいくらでもある

解説

　寝っ転がった猫を布巾代わりにしてテーブルを拭く……そんな豪快なおばあさんのやり口に思わずクスッとしてしまうことわざ。フィンランドは世界幸福度ランキングの1位常連国としても有名ですが、こういった柔軟で斬新な発想こそ、幸せを感じる秘訣のひとつなのかもしれません。

豆知識

フィンランド生まれのメインクーンのヒゲが「世界一長い猫のヒゲ」として2005年にギネス認定。その長さ19cm

おばあちゃんは
猫でテーブルを
拭きながら
「やり方は
いくらでもある」
と言った

猫も笑うほど

Enough to make a cat laugh

意 味

ものすごく面白い

解 説

　猫は笑わないと言われていますが、そんな猫さえも笑ってしまうほどおかしい、滑稽（こっけい）だという意味合い。有名な童話『長靴をはいた猫』から生まれた言い回しと言われます。あまり表情が変わらずクールに見られがちな猫ですが、よく観察してみると実はとても表情豊かです。

猫も笑うほど

猫の化粧

Toilette de chat

意 味

手っ取り早く化粧（洗顔）する

解 説

　猫は顔を洗うとき、人間のように水を使ったりはしません。前足でさっと数回だけ撫（な）でたら終わり、ということもあります。丁寧ですが、わりと短時間。またほとんどの縞模様（しまもよう）の猫には「アイライン」ならぬ「クレオパトラ・ライン」という線が目尻から頬にかけて入っています。名称の由来は、クレオパトラが猫のその美しさに魅了され、真似（まね）して化粧したからだと言われています。

猫の化粧

アメリカ

いたずら子猫も
真面目な親猫になる

Wanton kittens make sober cats

意 味

無謀な若者も、年をとるにつれて分別を身につける

解 説

　怖いもの知らずで好き放題していた若者も、世間に出れば荒波にもまれ、痛い目にも遭います。そうしてこれまでの自分の分別のなさに気づき、責任感のある大人になっていく様子を「猫」を使ってあらわしたことわざ。

豆知識

　猫が毛布などを前足でふみふみする仕草は、アメリカでは「ビスケットを作る（make biscuits）」

いたずら
子猫も
真面目な
親猫になる

猫も茶を飲む

Neko mo cha wo nomu

意味

背伸びをして、分不相応な言動をすること

解説

　ふだんは日向でごろごろと寝そべっている猫が、ちょっと背伸びをしてお茶を飲んでひと休み。お茶の味もわからないだろうに……と皮肉った言い方です。

「招き猫」のモデルは、日本猫の純血種ジャパニーズ・ボブテイル

猫も茶を飲む

良い言葉を聞けば 猫だってご機嫌になる

Доброе слово и кошке приятно

意味

お世辞に弱いこと

解説

優しく親切な言葉は、猫に限らず誰だってうれしいものです。日本には似たような意味合いで「豚もおだてりゃ木に登る」ということわざがあります。おだてられて気を良くすると、能力以上の力を出す場合があるというたとえです。

ロシアでは猫の日は「3月1日」

良い言葉を聞けば
猫だってご機嫌になる

司祭と猫にはあまり構うな

Con los curas y los gatos pocos tratos

意味

適度な距離感が大事

解説

猫と仲良くしたいからといって、無理やり抱っこをしたり構いすぎたりすると、かえって嫌われてしまうもの。司祭も、スペインでは身近な存在ですが、適度な距離感と敬意をもって接すべき相手です。

豆知識

毎年1月17日に行われるスペインの聖アントニオ祭で、猫たち動物は司祭から聖水をかけてもらう

司祭と猫には
あまり構うな

クリームをなめた猫のよう

Like the cat that got the cream

意 味

非常に満足げな様子

解 説

　欲しかったものを手に入れてご機嫌な猫の姿から。自分の才能や、自分の身に起きた良いことに大いに満足してうっとりしている様子を指します。アメリカではなんと「クリーム」ではなく「カナリアを食べた」という言い回しに！

　古くからイギリスの首相官邸では「ネズミ捕獲長」として猫を「雇用」

クリームを
なめた猫のよう

猫を追いつめれば、突進してくる

Kediyi sıkıştırırsan üstüne atılır

意味

弱そうな相手も、強く追いつめすぎると刃向かう

解説

「この人には何を言ってもいいだろう」などと見くびって強く押さえつけると、反旗をひるがえされて痛い目に遭うぞ、という戒めです。

トルコ語で猫は「ケッディ(Kedi)」

猫を
追いつめれば、
突進してくる

おとなしい猫がかまどにあがる

얌전한 고양이가 부뚜막에 먼저 올라간다

意味

人は見かけによらない

解説

　いかにも控えめそうな猫が、思いがけない大胆な行動に出ることも。それまでは「猫をかぶる」でおとなしくしていた人が本性をあらわす、といった意味合いもあるようです。特に恋愛関係で奥手に見えた女性が、誰よりも早く結婚したときなどに使われます。

豆知識

韓国では「猫好き」を「ニャンチプサ (냥집사)」と呼ぶ。「ニャン」は猫の鳴き声、「チプサ」は執事のこと

おとなしい猫が
かまどにあがる

猫のように7つの精神を持つ

Avere sette spiriti come i gatti

意 味

すばやく立ち直る。切り替えが早い

解 説

猫は非常に気まぐれな生き物です。遊びたがったかと思えば、次の瞬間にはそっぽを向いたり……。そんな様子から「7つの精神を持っている（だから、めまぐるしく気分が変わる）」とあらわされ、そこから転じたことわざです。また、猫は強い生命力を持っているという意味で「猫には9つの命がある」と昔から言われます。

豆知識

フィレンツェの町には「リスト・ガット（猫のレストラン）」と呼ばれるごはん箱が設置してある

猫のように
７つの精神を
持つ

猫のところに
ミルクの吊り網が落ちてくる

बिल्ली के नीचे दूध का लटका हुआ जाल

意 味

思いがけない幸運が訪れること

解 説

　日本語で言う「棚からぼたもち」です。インドネシアでは「落ちたドリアンを拾ったような」という言い回しをします。

豆知識

「ボンベイ」という猫種はアメリカ生まれだが、インドに生息する黒ヒョウに似ていることからその名前がつけられた

猫のところに
ミルクの吊り網が
落ちてくる

3月の猫のように惚れっぽい

kochliwy jak kot w marcu

意 味

惚れやすいこと、パートナーをすぐに変えること

解 説

　猫が恋をするのは暖かい春がメインであることから。俳句の世界でも「猫の恋」は春の季語です。かの松尾芭蕉も「猫の恋　止むとき　閨の朧月」（意訳：さっきまで猫の恋する声が聞こえていたが、ふと静かになった春の月夜、私も人恋しい）という句を詠んでいます。

豆知識

　ポーランド語で猫は「コット（Kot）」

3月の猫のように惚れっぽい

猫は長者の生まれ変わり

Neko ha choja no umarekawari

意味

悠々自適に、いつものんびりと寝ている猫の様子

解説

一日中、のんびりと寝て過ごしている猫をたとえた言葉。たしかにゴロゴロしている猫は、余裕のあるお金持ちを思わせます。「前世であくせく働いたから、今世でのんびりできる猫に生まれ変わったのだろう」という解釈も。悠々自適な猫の姿に、憧れる現代人も多いでしょう。

豆知識

三島由紀夫や谷崎潤一郎、夏目漱石など、日本を代表する文豪たちも猫好きだったことで有名

猫は長者の
生まれ変わり

■参考文献　※順不同

『世界ことわざ辞典』北村孝一 編 東京堂出版

『世界ことわざ大事典』柴田武 編 谷川俊太郎 編 矢川澄子 編 大修館書店

『故事・俗信ことわざ大事典』尚学図書 編 小学館

『捕らぬ狸は皮算用？　世界14言語動物ことわざワールド』亜細亜大学ことわざ比較研究プロジェクト 編 白帝社

『ファットキャット　英語の中の猫たち』じゃんぼよしだ 日本出版社

『にゃんことわざ』小森正孝 一迅社

『ロシア語　名言・名句・ことわざ辞典』八島雅彦 東洋書店

『ロシア語ことわざ集　日英仏対照』吉岡正敞 駿河台出版社

『マスクねこ 猫のことわざ＆慣用句』にしかわかな 主婦の友社

『おばあちゃんは猫でテーブルを拭きながら言った　世界ことわざ紀行』金井真紀 岩波書店

『「猫は三年の恩を三日で忘れる」は本当か？ キャットおもしろことわざ学』武藤眞 PHP研究所

『誰も知らない世界のことわざ』エラ・フランシス・サンダース 前田まゆみ 訳 創元社

『猫の幻想と俗信　民俗学的私考』永野忠一 習俗同攻会

『猫の嘆きと白ネズミ　ドイツ語の動物表現』瀬川真由美 白水社

『「ねこ式」イタリア語会話』にむらじゅんこ 三修社

『動物たちのことわざ』山足清 文芸社

『世界ことわざ比較辞典』日本ことわざ文化学会 編 時田昌瑞 監修 山口政信 監修 岩波書店

『猫まるごと雑学事典　つい他人に話したくなる猫の秘密教えます』北嶋廣敏 光文社

『勇気をくれる、インドのことわざ　幸せをつかむタミル語、ことばの魔法』ニルマラ純子 共栄書房

『法政大学大学院紀要』第65号　法政大学大学院

『異文化交流』第16号　東海大学外国語教育センター異文化交流研究会

■参考ウェブサイト

ことわざ・慣用句の百科事典　https://proverb-encyclopedia.com

故事・ことわざ・慣用句辞典オンライン　https://kotowaza.jitenon.jp/

ドイツ発ライフスタイル・ガイド by ドイツ大使館　https://young-germany.jp/

■ Cover Photo

Nils Jacobi/Shutterstock.com

Photoongraphy/Shutterstock.com

■ Photo Credit

Cat Box/Shutterstock.com(p.9) KDdesignphoto/Shutterstock.com(p.11) Lewis Tse/Shutterstock.com(p.13) OllyPlu/Shutterstock.com(p.15) Nils Jacobi/Shutterstock.com(p.17,p.63,p.69,p.77,p.87,p.95) Larisa Lo/Shutterstock.com(p.19) Maryna Kulchytska/Shutterstock.com(p.21) ignacio olmos/Shutterstock.com(p.23) JuPac/Shutterstock.com(p.25) Anna Lisovskaya/Shutterstock.com(p.27) Gelpi/Shutterstock.com(p.29) Juliya Shangarey/Shutterstock.com(p.31) dezy/Shutterstock.com(p.33) studiomiracle/Shutterstock.com(p.35) Nynke van Holten/Shutterstock.com(p.37) Sheila Fitzgerald/Shutterstock.com(p.39) correct pictures/Shutterstock.com(p.41) Arief Adhari/Shutterstock.com(p.43) Aoffy's/Shutterstock.com(p.45) 5 second Studio/Shutterstock.com(p.47) Anna Mosiahina/Shutterstock.com(p.49) Aylata/Shutterstock.com(p.51) Natasha Zakharova/Shutterstock.com(p.53) OksanaSusoeva/Shutterstock.com(p.55,p.73) Okssi/Shutterstock.com(p.57) Kasefoto/Shutterstock.com(p.59) Svetiana Rey/Shutterstock.com(p.61,p.99) Tanya Dol/Shutterstock.com(p.65) Ewa Studio/Shutterstock.com(p.67) Ivan Kovbasniuk/Shutterstock.com(p.71) savitskaya iryna/Shutterstock.com(p.75) bmf-foto.de/Shutterstock.com(p.79) Octavian Lazar/Shutterstock.com(p.81) Viktor Sergeevich/Shutterstock.com(p.83) Fesus Robert/Shutterstock.com(p.85) Sergey Zaykov/Shutterstock.com(p.89) DenisNata/Shutterstock.com(p.91) Bachkova Natalia/Shutterstock.com(p.93) Aynur_sib/Shutterstock.com(p.97) Stanislavtt/Shutterstock.com(p.101) Olga Kazanovskaia/Shutterstock.com(p.103) ANURAK PONGPATIMET/Shutterstock.com(p.105) Ukki Studio/Shutterstock.com(p.109) Natalia Bratslavsky/Shutterstock.com(p.111) Vladimir Arndt/Shutterstock.com(p.113) Gurkan Ergun/Shutterstock.com(p.115) Igor Stramyk/Shutterstock.com(p.117) ryo96c/Shutterstock.com(p.119) otsphoto/Shutterstock.com(p.121) HealthyCapture Studio/Shutterstock.com(p.123) New Africa/Shutterstock.com(p.125)

あとがき

「世界のねこことわざ」いかがだったでしょうか。

　宇宙に浮かぶ丸い物体「地球」上の、あらゆる場所・あらゆる時代に、猫はいる。そして、その場所の数だけ、人と猫とのドラマがある。改めてそう感じています。

　本書に収録できたのは、「ねこことわざ」全体の1/100、いえ、1/1000くらいなのではないでしょうか。

　世界196カ国の中には、あっと驚くような「ねこことわざ」がまだまだあるはずです。もしかしたら今この瞬間に、新しい「ねこことわざ」が生まれている、なんてこともあるかもしれません。

　そんなことを考えながら、世界中の猫たちに思いを寄せつつ、本書を締めくくりたいと思います。そして最後に、本書を書くあいだいつもそばにいてくれた18歳の愛猫みーちゃんに感謝を。

noritamami

著者紹介
noritamami

雑学王として知られ、『超訳 古今和歌集 # 千年たっても悩んでる』（ハーパーコリンズ・ジャパン）、『つい話したくなる 世界のなぞなぞ』（文藝春秋）、『へんなことわざ』（KADOKAWA）など30冊以上の著作がある。これまでに5匹の猫と暮らし、猫をこよなく愛す。

世界のねこことわざ

2024年1月18日発行 第1刷

著　　　者	noritamami	
発　行　人	鈴木幸辰	
発　行　所	株式会社ハーパーコリンズ・ジャパン	
	東京都千代田区大手町 1-5-1	
	04-2951-2000（注文）	
	0570-008091（読者サービス係）	
ブックデザイン	山之口正和＋齋藤友貴（OKIKATA）	
印 刷 ・ 製 本	公和印刷株式会社